儿童财商故事系列

会花钱的小高手

曹葵 著

四川科学技术出版社
·成都·

图书在版编目（CIP）数据

儿童财商故事系列. 会花钱的小高手 / 曹葵著. --
成都：四川科学技术出版社，2022.3（2023.5重印）
ISBN 978-7-5727-0275-4

Ⅰ. ①儿… Ⅱ. ①曹… Ⅲ. ①财务管理－儿童读物
Ⅳ. ①TS976.15-49

中国版本图书馆CIP数据核字（2021）第188808号

儿童财商故事系列 · 会花钱的小高手

ERTONG CAISHANG GUSHI XILIE • HUI HUAQIAN DE XIAO GAOSHOU

著　者　曹　葵

出 品 人　程佳月
策划编辑　汲鑫欣
责任编辑　张湉湉
特约编辑　杨晓静
助理编辑　文景茹
监　　制　马剑涛
封面设计　侯茗轩
版式设计　林　兰　侯茗轩
责任出版　欧晓春
内文插图　浩馨图社
出版发行　四川科学技术出版社
成都市锦江区三色路238号 邮政编码：610023
官方微博：http://weibo.com/sckjcbs
官方微信公众号：sckjcbs
传真：028-86361756
成品尺寸　160 mm × 230 mm
印　　张　4
字　　数　80千
印　　刷　天宇万达印刷有限公司
版　　次　2022年3月第1版
印　　次　2023年5月第2次印刷
定　　价　18.50元
ISBN 978-7-5727-0275-4

邮购：成都市锦江区三色路238号新华之星A座25层　邮政编码：610023
电话：028-86361758

目录

主要人物介绍

小亦

咚咚的妹妹，喜欢思考，
行动力强，善于沟通

咚咚

古灵精怪，好奇心强，
想法多，勇于尝试

咚爸

性格温和，
有耐心，
非常理解孩子

咚妈

脾气有些急，
但有爱心，
理解并尊重孩子

第1章

我们家的钱也是有限的

爸爸妈妈为我们买衣服、买学习用品需要花钱，每天为家里买菜、买水果也需要花钱。

亲爱的小朋友，你有没有想过，爸爸妈妈的钱是不是可以无限制地花呢？

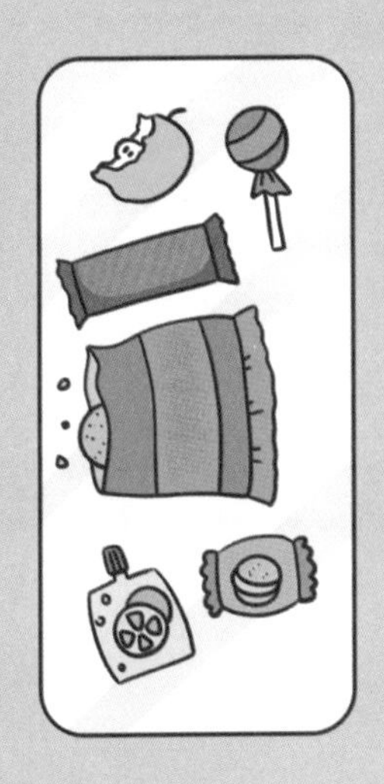

咚妈自主创业后，咚爸也升职了，成为酒店的副总经理，咚咚家的经济状况越来越好。当咚咚和小亦兄妹俩有喜欢的东西时，只要价格不太高，咚爸咚妈都尽量满足。可他们没想到，这竟让咚咚渐渐养成了花钱大手大脚的坏习惯。

咚咚逛街时，看到自己喜欢的东西就会买回家。他对朋友们也很大方，经常为朋友们买各种零食，很受朋友们喜爱。

但最近咚咚发现咚爸咚妈脸上的笑容变少了，总是一副愁眉不展的样子。

一天晚上，咚咚听见了咚爸和咚妈的对话。

咚妈问咚爸：“酒店的事情处理得怎么样了？”

咚爸叹了口气说：“酒店仓库进了太多水，很多东西都被水泡坏了，损失很大。”

“你也不要有太大压力，不管遇到什么事情，咱们一家人

平平安安在一起最重要。钱的事情你不要太着急，咱们一起想办法。”咚妈说。

慢慢地，咚咚发现咚妈很少给他和妹妹买新衣服了。过节时，他想去度假，咚妈却告诉他：“最近有些忙，不能带你们度假了。”

走在街上看到自己喜欢的东西，咚咚很想买，可是他摸摸自己的口袋，放弃了。

在学校，咚咚也不像以前那样下课就找朋友们玩儿了。

上课的时候，咚咚常常心不在焉地看着窗外，心里想着家里的事情：爸爸工作的酒店怎么样了？妈妈在做什么呢？

一天放学后，老师主动和他聊天，问：“咚咚，我看你最近上课时常常走神，是有什么心事吗？”

咚咚眼圈儿一红，说：“爸爸说他工作的酒店遇到了问题，我很难过，不知道该怎么办。”

老师又问他：“你以前经常和三条、皮蛋儿一起玩儿，最近很少和他们在一起了，也是因为这个原因吗？”

咚咚点头道：“我现在没有钱，和他们一起玩儿，我怕他们看不起我。”

老师却说：“咚咚，同学们没有谁会因为你家里没有钱而看不起你。”

咚咚有点儿不相信地看着老师，问：“真的吗？”

老师说：“当然啦，你想想，如果三条家没有钱，你会看不起他吗？”

咚咚说：“不会啊！”

老师说：“是呀。而且，家里有多少钱并不重要，重要的是，我们应该明白家里的钱是有限的。”

“对呀！之前爷爷生病时，我们家那段时间生活就很拮据，后来爸爸妈妈赚钱多了，我就把这件事儿忘记了。”咚咚有点儿惭愧地说。

“明白这一点和学会花钱，对我们来说都很重要！”老师笑着对他说。

“为什么明白这个很重要呢？”咚咚不解地问。

老师说：“当你明白家里的钱是有限的之后，就会学会合理花钱。不仅现在的我们花钱要有计划，古代的皇帝如果不合理使用金钱，后果也是很严重的。”

咚咚心想，电视剧里的皇帝都住在皇宫里，有花不完的钱，数不清的奇珍异宝，没听说过哪个皇帝的钱不够花啊。

老师说：“历史上，就有一些皇帝因为不合理使用金钱而导致严重后果。”

咚咚大吃一惊，问老师：“国家不都是他的吗？会产生什么后果啊？”

老师说：“秦始皇的儿子胡亥贪图享受，当了皇帝后更是挥霍无度，盘剥百姓，结果只当了三年皇帝就被杀死了。没多久，秦朝灭亡了。”

老师又说：“隋炀帝杨广也是没有计划地大肆花钱，铺张浪费，后来，有人起兵造反，最终国家灭亡了。”

咚咚想了想，说：“连皇帝都不能乱花钱，那我家的钱更不能乱花了。”

老师欣慰地点点头，说：“是呀，每个人家里的钱都是有限的，我们不能想花多少就花多少。”

咚咚点点头，下定决心以后再也不乱花钱了。

老师又告诉他："人们只有付出劳动才能挣到钱。父母挣钱不容易，我们要有计划、有节制地花钱。"

咚咚听了老师的话，明白自己接下来应该怎么做了。

晚上回家后，咚咚清点了自己的零花钱，开启了自己"会花钱"的计划。

从那以后，咚咚很少再买自己不需要的东西，把积攒下来的零花钱都存了起来。

过年的时候，咚咚不仅没收咚爸咚妈给他的压岁钱，还把自己攒的零花钱给了他们，自豪地对他们说："爸爸妈妈辛苦了！这是我给你们的'压岁钱'！"

见他这么懂事，咚爸咚妈感到非常欣慰。

喜欢的、买得起的东西不是都要买回家

无论是在电视、手机上，还是在商场里，我们经常会看到各种各样的广告。广告中往往以超便宜的价格推销一件看似非常有用的商品。

小朋友，当你看到这种广告时，会不会心动？是不是很想把广告中的商品买回家呢？

曾有一段时间，咚咚在广告的诱惑下，不知不觉买了很多杂七杂八的东西。

这天，咚妈让咚咚整理房间，咚咚这才发现自己的东西实在太多了，而且很多东西都还没有拆封。

其实，咚咚这么爱买东西，与他在幼儿园期间的经历有关系。

咚咚上幼儿园时特别喜欢去叔叔家，因为叔叔家里有很多奇奇怪怪、有意思的小玩意儿，比如铜镜、胶片、各种瓶瓶罐罐等。奶奶告诉咚咚，叔叔是一名收藏家。

那时，咚咚问叔叔："怎么才能成为收藏家呀？"

叔叔说："买你喜欢的且买得起的东西。"

当时咚咚对叔叔的话似懂非懂。后来，他就养成了见东西就买的坏习惯。

收藏家，就是专门收藏和研究古玩、字画、玉器等有意义、有价值的物品的人。

咚妈希望咚咚能改掉这个坏习惯，于是让咚咚参加了名为“交换生活”的夏令营活动。

这次夏令营活动的内容是：两个年龄相仿的孩子交换生活一个星期，体验彼此的生活。

咚咚对即将到来的夏令营活动十分期待，希望能体验不一样的人生，获得更多有意思的生活体验。

咚爸咚妈则希望咚咚能通过这次夏令营对生活有更多理解。

夏令营，指在暑假期间开办的，为儿童和青少年提供的有教育意义的活动。孩子们可以从活动中拓宽视野，获得生活经验。

与咚咚交换生活的，是一个家在郊区的男孩儿。

第一次见到这个男孩儿时，咚咚问他：“你平时喜欢哪个卡通人物呀？”

男孩儿脱口而出：“我喜欢哆啦 A 梦。”

咚咚礼貌地说：“太好了，我也喜欢哆啦 A 梦。那我到了你家可以玩儿你的哆啦 A 梦玩具吗？”

男孩儿却回答道：“我只有一个哆啦 A 梦的玩具，我准备把它带走。”

咚咚说：“为什么你最喜欢的玩具只有一个呢？”

男孩儿说：“我觉得一个就够了，多了我也玩儿不了啊。”

咚咚听后有些不理解。

正式的交换生活很快就开始了。

第一天，咚咚住在男孩儿家，待在只有书桌和床的小房间里，他感到很不习惯。

第二天吃过早饭，男孩儿的爸爸带咚咚去他工作的地方——一家纺织厂参观。厂里不仅纺布，还制作毛绒玩具。

刚进纺织厂时，咚咚很好奇，但很快他就开心不起来了——机器发出的巨大的轰鸣声快把他的耳朵震聋了。工人们却习以为常，到处都是他们忙碌的身影。

男孩儿的爸爸对咚咚说：“平时你买的玩具就是在工厂里经过许多工序以及很多人的劳动生产出来的。如果你买了玩具却不珍惜它，那多浪费呀。”

咚咚说："叔叔，谢谢您带我来工厂参观，让我知道了工人们工作很辛苦。我喜欢毛绒玩具，我会珍惜它们的。"

男孩儿的爸爸笑了笑，说："咚咚，叔叔明天再带你去个地方。"

第三天，经过一路颠簸，他们来到一个村子里的希望小学。

操场上的篮球架已经坏掉了，同学们在墙上挂了个篮球筐，继续打球。

咚咚说："虽然他们没有篮球架，但他们玩儿得很开心。"

男孩儿的爸爸说："是呀，虽然这些孩子拥有的东西很少，但他们依然玩儿得很开心。所以，拥有得多并不代表你从中能得到更多快乐。"

咚咚说：“叔叔，小时候我想当一名收藏家，我叔叔告诉我看到喜欢的并且能够买得起的东西就买，这样才能成为收藏家呢！”

男孩儿的爸爸说：“傻孩子，那是把买东西当职业了。即使是收藏家，买东西也是有选择性地买。”

咚咚说：“我明白了。喜欢的、买得起的东西不是都要买回家。这样不仅可以省钱，也能有开心的感觉。”

男孩儿的爸爸说：“叔叔带你参观工厂和村子里的希望小学，没有白忙乎，你能够明白这个道理，真是太棒啦！”

“交换生活”夏令营结束后，咚咚意识到了有选择性、有节制地买东西不仅会节省钱和时间，而且也会使自己更珍惜拥有的东西。

第3章

只把钱花在我们真正需要的东西上

小猴子在上山的路上捡了芝麻，看到西瓜后，丢了芝麻捡西瓜，看到桃子后，它又丢掉了西瓜。

最后，小猴子两手空空，什么也没得到。

小朋友，你逛超市的时候，有没有类似的经历呢？看到什么都想买，最终真正需要的东西却没有买。你有没有想过，口袋里的钱到底该怎么花呢？

暑假刚过一半，咚爸咚妈接到电话——住在乡下的姥姥生病住院了。

咚妈对咚咚说：“姥姥生病住院要花钱，你的零花钱最近要缩减一些。”

咚咚想，自己一定不能在这个时候乱花钱，要省钱、攒钱，和爸爸妈妈一起渡过难关。

周末早上，咚妈对咚咚和小亦说：“姥姥要做手术，爸爸妈妈要去医院照顾姥姥。你们俩去乡下舅舅家住一段时间吧。你们的表哥最近放假在家，你们有不会的作业可以请教他。”

出发时，咚咚和小亦带了三大箱行李，不仅有衣服、书本，还有很多玩具。

刚到舅舅家，表哥就看出咚咚的心情不太好，他问咚咚：“你怎么不高兴啊？”

咚咚说：“我很心疼爸爸妈妈，却不知道怎么帮助他们。”

表哥想了想，说：“你别的忙帮不上，但可以省些钱，帮他们减少负担啊。”

咚咚郁闷地说：“我也想省钱，可我不知道该怎么做。”

表哥说：“首先你要学会把钱花在‘刀刃儿’上。”

咚咚挠挠头，有些不明白表哥的话。

表哥拉出咚咚的行李箱，让他打开。

表哥看着行李箱中的东西说：“咚咚，你之前买的东西太多了，有很多都是不需要的。”

咚咚说：“我买的都是我喜欢的，没有不需要的东西。”

表哥指着行李箱说：“你看看，你买了好几个文具盒，但其实只用一个就够了。”

表哥接着说：“其实，很多东西都是我们生活里用不着的。我上大学的时候只带一个箱子就够装我所有的东西，而你过个暑假就带了这么多东西过来，其实能用到的并没有多少，不是吗？”

咚咚觉得表哥说得有道理，行李箱里的很多东西他可能都用不着。

晚上，咚咚和表哥一起坐在院子里聊天儿。

表哥告诉咚咚：“我们会遇到很多喜欢的东西，但是我们要知道哪些才是我们真正需要的。”

咚咚说：“我之前买东西从来都是想买就买，今后买东西时要想一下，这个东西是不是我真正需要的。”

表哥说：“买用不到的东西，既浪费钱，也浪费时间和精力。为了帮你进一步克服坏习惯，我们做个游戏吧。”

一听做游戏，咚咚顿时高兴起来。

表哥说：“我们约法三章，每次买东西之前先问问你自己，这件东西是不是必须买。如果不是，就不买。如果做不到，就一个星期没有零花钱。”

咚咚点头答应道：“好的，我一定会做到的！”

约法三章：这个成语出自汉代史学家司马迁的《史记·高祖本纪》，原来是指订立法律，与人民相约遵守，现在泛指订立简单的共同遵守的条款。

咚咚和表哥还写了几条关于购物的约定。

购物前，要确认：

·这件东西的功能和用处，和我已有的东西的功能重复吗？家里有没有替代品？

·半个月之内，我会用到它吗？一个月后，它还有用吗？

·不买这件东西，对我的生活影响大吗？

购物前，要在纸上写下要买的东西，将可买可不买的东西划掉，避免冲动消费，买下一堆不需要的东西。

自从和表哥“约法三章”后，咚咚再想花钱的时候就会想起他们之间的约定，购买的欲望就会被压制下去。

有一次，家门口来了一个卖衣服的流动商贩。咚咚没忍住，买了一件上衣。其实，他的行李箱里有好几件上衣。

表哥发现后，按照约定对咚咚进行了“惩罚”——一周没有零花钱。

这次之后，咚咚逐步改掉了乱花钱的坏习惯，不仅节省了很多钱，还在表哥的帮助下，整理出很多自己用不到的东西，送给了需要的人。

暑假快结束的时候，姥姥也康复出院了，咚妈来接咚咚和小亦回家。咚咚把省下来的钱都交给咚妈，对咚妈说：“以后我只买真正需要的东西。”

咚妈非常欣慰，直夸咚咚长大了。

有意思的比价和砍价游戏

小朋友们，你们买东西的时候，会不会砍价呢?

其实，商品定价多少，主要是看商品到底“值多少钱”，同样一件商品，定价可能会不一样。也就是说，我们在买东西的时候，是可以比价和砍价的。

最近干果店的生意特别忙，咚妈每天都早出晚归。以前，家里很多家务活都是咚妈做，现在，小亦和咚爸商量着要多承担一些家务活，减轻咚妈的负担。

周末，小亦早早地起床，和咚爸一起去菜市场买菜。小亦按照咚妈列出的单子挑选瓜果蔬菜。

回家的路上，咚爸说小亦最近表现很棒，要奖励她一个玩具。

于是，小亦和咚爸来到商场。小亦看到一条丝巾非常漂亮，便和咚爸商量给咚妈买一条，自己就不买玩具了。

咚爸直夸小亦懂事。

咚妈收到丝巾后很高兴，不过她还是问小亦："小亦，你买这条丝巾时砍价了吗？"

小亦不解地问道："砍价？为什么要砍价呀？"

咚妈哭笑不得，对小亦说："是不是你买菜的时候，也没有砍价呀？"

小亦点了点头。

咚妈说："其实你已经很棒了。不过以后再买东西时，你要试着和商家砍价，知道了吗？"

小亦歪着头问："妈妈，价格不是都写好了吗？这样也可以和卖家砍价吗？"

咚妈笑着说："当然可以。对于卖家来说，他想卖更高的价格，而对我们买东西的人来说，则希望能够以更低的价格买到东西。砍价是件很有意思的事情。"

砍价就是买卖东西时，买方要求卖方降价，降到自己满意的价格的行为。

很多消费者都喜欢砍价，这样就能以较低的价格买到商品。小到生活用品，大到汽车、房产，这些商品都可以砍价。

咚妈给小亦举了个例子。咚妈说："假如你有 50 元，商家有 5 斤[*] 苹果。你把钱给商家之后，你能得到苹果，商家获得钱之后能够买其他东西，这样你们双方都有了付出和收获。商家为了多赚钱，往往会提高价格，而我们为了省钱，就会想少出一点儿钱。而且，我们也可以'货比三家'，挑质量满意、价格适中的那一家买。"

---

* 1 斤 =0.5 千克。

小亦听完之后，开心地说：“妈妈，我又学到了新知识，原来买东西、卖东西，是让双方都很开心的事情。那我怎么学习比价和砍价呢？”

咚妈说：“你可以去问问哥哥呀，他暑假时和你们的表哥学了很多，现在又学会省钱了。”咚妈的话音刚落，小亦就跑去找咚咚，和他说了早上买东西的经历。

咚咚听后说：“学砍价需要一个过程，之前表哥给我讲过，我也见过爸爸妈妈买东西时砍价，但我做得也不是很好，不如我们一起学习吧。”

小亦说：“可是爸爸妈妈很忙，我们要怎么学习呢？”

咚咚想了想，说：“我们直接去菜市场，看看别人是怎么砍价的，跟他们学习，怎么样？”

到了菜市场以后，小亦看到一位提着菜篮子的老奶奶在买菜，他们跟在老奶奶后面，看她如何跟商贩砍价。

老奶奶走到菜摊儿前，礼貌地问老板："土豆多少钱一斤？"

老板说："4 元一斤。"

老奶奶说："便宜点儿，便宜我就多买点儿。"

老板听老奶奶说想多买点儿，就说："3.5 元一斤，最低价。"

老奶奶笑着挑着土豆，挑的时候还不停夸赞老板会进货，土豆特别好。

老板听后十分开心，还送了老奶奶一把香菜。

老奶奶笑着付了钱。

接着，小亦和咚咚又去了服装城。

他们看到一位阿姨在服装柜台挑选衣服。

阿姨向售货员询问一件衣服的价格，分析这件衣服的面料、款式，一看就是很懂行的样子。

问完了这件衣服的价格后，阿姨又问了另一件衣服的价格，并最终以更低的价格买下了这件衣服。

在讨价还价中，售货员还另外送了阿姨一双袜子。

小亦和咚咚看到阿姨又进了一家鞋店，他们也跟了进去。

阿姨试穿了一双鞋后，觉得很喜欢，可一看价格比较贵，她就不想要了。

售货员连忙说："这双鞋是经典款，不会过时，而且质量特别好。店里有个周年庆活动，您如果现在买的话，我可以给您打七折。"

阿姨想了想，觉得很划算，就把这双鞋也买了下来。

通过观察，小亦和咚咚总结了砍价的几个技巧。

声东击西法：不要轻易表达你对商品的喜爱。例如，你看中了一双白色的鞋，但你可以先问红色的鞋多少钱。表达出你对红色的鞋不满意后，再顺便问问白色的鞋多少钱。这时候店家出于促销心理，往往会降低价格。

知己知彼法：多看看同类型商品，掌握商品的大致价格，买东西的时候，从商品的质量、款式等方面分析。卖家看到你这么专业，往往不会报虚价。

细水长流法：买东西的时候可以告诉老板，如果价格便宜，你以后会多来买，会成为他们家的回头客。这时候店家为了多一个回头客，一般都会给出较为便宜的价格。

沉得住气法：砍价的时候，最好不要先报出自己的底价，而是等对方先报底价，这样才有更多砍价的空间。

咚咚兄妹俩回到家，和咚爸咚妈分享了这一天的收获。

咚妈听了后，感到非常开心，也给他们讲了一些自己平时买东西的经验："比价的关键是要多看看同类型商品的价格。现在网上购物很方便，买东西之前，也可以在网上先看看价格，做到心中有数。"

咚妈接着说："同样的商品，价格不会差太多，如果其中有个价格特别便宜，往往可能质量不好，买到这种商品不仅浪费钱，还浪费精力。"

小亦说："我记住了，比价的关键是了解商品的价格，砍价的关键是知道商品到底值多少钱，要做到心中有数。"

咚妈开心地笑了，说："孩子，你真棒！"

你也能成为智慧的家庭“小管家”

小朋友们，你们看电视剧的时候，有没有发现一些有钱人的家里请了一个管家呢？管家负责管理一家人的吃穿用度，还管理着很多其他的杂事。

其实，每个家庭里都有一个管家，你家里的管家又是谁呢？如果你是管家，你会怎么做呢？

老师给同学们布置了个任务：有意愿的同学，可以和家长商量，做一段时间家庭“小管家”。

咚咚听到后，想起咚妈在家操持家务的样子，心想：做家庭“小管家”很容易啊，我一定能做好。

回家后，咚咚和咚妈说了老师布置的任务。

没想到咚妈并不同意他当“小管家”。

咚妈说：“你每天回家要做的作业已经很多了，管理家庭是一件很复杂的事情。钱的支出也分种类，也是门学问呢！咚咚，咱们还是安心学习，不要做‘小管家’了。”

正在一旁看电视的咚爸却说：“孩子既然有这个想法，咱们就应该支持他，让他知道做‘小管家’的辛苦，这样他也能学会管理自己的生活。再说了，这也是老师布置的作业之一，咚咚应该好好地完成，不是吗？”

咚妈觉得咚爸的话也有道理，就同意了咚咚的请求。

吃完饭，咚妈边收拾碗筷边给咚咚讲做家庭“小管家”需要注意的地方。

咚妈让咚咚去拿纸笔，把重要的事情记下来。

咚咚说：“不用啦，妈妈，我记在脑子里就好了。”

咚妈问道：“需要注意的地方有很多，你能记住吗？”

咚咚点点头，说：“反正就是家里的那些事情，我每天都在家生活，肯定知道的。妈妈您就放心吧。”

咚妈说：“平时都是妈妈在张罗家里的事情，过几天我要出趟远门，爸爸工作也忙，你可以当好‘小管家’吗？”

咚咚拍了拍胸脯说：“没问题的，您就放心吧。”

咚妈拿出了家里的记账本，和咚咚说了家里需要花钱的几个地方。咚咚认为做“小管家”没有那么难，就没有认真听。

放学的时候，咚咚和皮蛋儿、小亦一起回家。

路上，三个人开始讨论如何做家庭“小管家”。

咚咚自豪地说道：“妈妈出远门了，爸爸工作又忙，我就要担起‘小管家’的责任了。”

皮蛋儿说：“我妈妈还不同意让我做‘小管家’，让我先看看她是怎么做的，等我了解得差不多了，再让我做‘小管家’。”

咚咚疑惑地说：“做‘小管家’有这么难吗？”

皮蛋儿说：“当然啦，家里需要花钱的地方很多，哪个该买，哪个不该买，每件事都要想清楚。”

小亦说：“还有我们每天怎么买菜、买零食，都有很大的学问呢。”

咚咚听了他们的讨论后，意识到做“小管家”不像他想象的那么简单，他后悔没有认真记下咚妈的话。

刚好第二天就是周六，咚咚和咚爸一起去看望爷爷奶奶，他想向奶奶请教怎么做好管家。

到了奶奶家，咚咚和奶奶说起了要在家做“小管家”的事情，问她该怎么做。

奶奶走到屋里，拿出一本发黄的笔记本，上面密密麻麻地写满了字。咚咚看到笔记本第一页上的日期：1980 年 3 月 1 日。

咚咚说：“奶奶，这个本子的年龄比我都大呀。”

奶奶笑着说：“对呀，我和你爷爷结婚后，就用这个本子记录家里的每一项收支。”

咚咚小心翼翼地拿过本子，翻开第一页，上面写着：油 1 斤，0.8 元；米 1 斤，0.2 元；猪肉 1 斤，0.9 元……

咚咚说：“奶奶，那时候的东西都好便宜呀。”

奶奶说：“傻孩子，那时候的钱比现在的钱更值钱。那时候 2 元钱能买好多东西呢，可现在只能买把小青菜。”

咚咚说："怪不得上面写的钱都这么少呢。后来是不是通货膨胀，钱变多了，钱就不值钱了？"

奶奶笑着说："你说得很对！"

奶奶又说："那时候东西便宜，但是人们挣的钱也少，一个月的工资才几十元钱。一件衣服要穿很多年，每一分钱都得精打细算地花。"

咚咚说："那做管家，需要买哪些东西呀？"

奶奶说："吃的最重要啦，别的东西能省就省。家里还有很多需要花钱的地方呢，比如电费，每个月需要交一次。"

通货膨胀是指货币不值钱，商品价格上涨的情况。通货膨胀和一般物价上涨有很大的区别。一般物价上涨是指某些商品因为买的比卖的多，造成物价暂时、局部上涨，钱依旧很值钱。但通货膨胀会导致很多商品的价格都上涨，而且很难再降下来，对人们的生活影响很大。

在奶奶的指导下，咚咚学到了很多。

回家后，咚咚开始正式做起了“小管家”。为此，咚爸专门给了咚咚 500 元，作为家里一周的生活费。

没想到一上午的时间，咚咚就花掉了差不多 200 元，买回一大堆菜和零食。

咚爸回家后，看到咚咚买的一大堆菜后哭笑不得，问：“咚咚，你是怕咱们在家饿着吗，买了这么多菜。”

咚咚说：“奶奶告诉我要多买食物在家放着。”

咚爸说：“奶奶是过过苦日子的人，当时，吃是人们生活的第一需要，所以奶奶才会把钱基本都花在食物上。可是我们现在的生活条件已经比以前好多了，不需要在家里储备这么多吃的，随吃随买才新鲜啊。你买这么多菜，咱们一时半会儿吃不完，容易坏掉，浪费钱，下次不要再买这么多啦。”

咚咚说：“我记住啦，爸爸。”

过了两天，咚妈回来了，小姨也来到家里做客。

咚妈让咚咚多买点儿菜招待小姨，咚咚说："钱已经花完了。"

咚妈听后，只好自己去买菜。

晚上，咚妈问了咚咚最近几天的花销情况，咚咚把钱是怎么花的一五一十地告诉了咚妈。

咚妈说："现在你知道做管家不容易了吧？"

咚咚说："好难啊，总得想着怎么花钱才最合理。就是因为之前我把钱都花完了，家里来客人，需要花钱的时候，我反而没钱了。"

咚妈说："所以，你做'管家'的时候，对于将要花出去的每一分钱都要做好计划，还要留出一部分钱作为备用，以防不时之需。"

过了几天，家里突然停水了。咚妈检查后发现，原来是智能水表里的钱用完了。咚咚记得奶奶的话，预留了交电费的钱，可是他没有交水费的钱，结果家里停水了。

咚妈知道后笑着说："咚咚，奶奶家在乡下，用的是井水，不用交水费，咱们家是需要花钱买水的。"

咚咚不好意思地低下了头，说："妈妈，我记住了。"

咚咚做了一个月的家庭"小管家"后，学会了很多管理家庭支出的知识。

老师让咚咚和班里同学分享一下管理家庭支出的经验。

为此，咚咚特意整理了一份资料，列出了管理家庭消费的几项基本原则。

原则一：有计划

家里有哪些要花钱的地方，管家要做到心中有数。

比如，水电费、燃气费需要提前预留出来。买菜要花多少钱，油盐酱醋要花多少钱，都应当有计划。此外，还有一些可能花钱的地方，例如家里来客人了，换季买新衣服，等等，管家都要想到。

原则二：要“富余”

钱要省着花，留一部分备用金，以备不时之需。

原则三：主动创造额外收入

例如，家里的快递纸箱等废品可以卖掉，作为家庭的收入。

经过一个月家庭“小管家”的实践后，咚咚深刻体会到管理家庭支出的不容易。此后，咚咚不仅比以前更加勤俭节约，也更努力学习了。

做个理性的购物小高手

我们买东西的时候，经过比价和砍价，往往都会认为自己买到了便宜的东西。

其实，每次购物都是一场小型“战争”，卖家总想把商品以尽量高的价格卖出去。小朋友们，你们知道怎么识别一些促销套路，做到理性购物吗？

经过一段时间的学习和磨炼，咚咚变得越来越棒，不但能帮咚妈分担家务，还经常独自去超市购物。

又一个周日的上午，咚咚早早地起床，接过咚妈给的钱，带着准备好的购物袋，拿着列好的购物清单，向超市出发。

一路上，咚咚的心情非常好，他很期待成为家里能干的“小帮手”。

在超市买菜的时候，咚咚看到如果买“组合装”的话，价格会便宜一些，他就跑去问售货员：“阿姨，什么是‘组合装’呀？”

售货员说：“顾客买菜的时候一般是每样单独买，超市偶尔会开展促销活动，比如把茄子和黄瓜等组合到一起出售，这就是组合装啦。这样比只买一种蔬菜更划算些。”

咚咚说：“就是一次买好几种菜。”

售货员说：“是的。”

于是，本来只打算买萝卜、茄子、土豆、西红柿的咚咚，买了组合装，多买了黄瓜、大葱等，装了整整一大袋子。

回到家后，咚妈看到咚咚买了这么多菜，就问他：“宝贝儿，你为什么买了这么多菜啊？”

咚咚说：“妈妈，这些菜一起买总价更便宜一些。您看，我买了这么多的菜，才花了几十元。”

咚妈看着这些菜，不忍心责怪咚咚。

咚爸看到后，直接说：“咚咚，虽然组合装看起来更划算，但你还是花了钱买了多余的菜，这是浪费。”

咚妈说：“其实这是超市的一种促销套路，以后妈妈会多教教你的。”

咚咚不解地问：“套路？上面写了价格是打折的。”

咚妈说：“商家会把不好卖的菜和好卖的菜捆绑销售。总价看似更低，其实，你却花了更多的钱。”

捆绑销售，是指商家将两种或多种商品放在一起卖的方式。

纯粹的捆绑销售是以一个价格出售两种或多种商品。

混合搭售则是将待售商品列入菜单中，供买家选择是买一种，买两种，还是买多种的销售方式。

“妈妈，本来你给我的钱是能省下来的，结果全花完了。原来我中了商家的套路。”咚咚感叹道。

咚妈笑着说：“吃一堑长一智。你能明白道理，就说明这钱没白花，下次要多注意啊。”

过了几天，咚咚又去超市买东西，这一次，他没有买“组合装”的菜，但在走出超市的时候，他还是买了计划之外的东西。

在超市门口的玩具店里，毛绒熊玩具原价是 39 元。咚咚很喜欢这个玩具，可是一直嫌贵而没买，现在打五折出售，他就买了下来。

咚妈看到毛绒熊玩具后，问咚咚："你怎么有这么多钱买毛绒玩具？"

咚咚说："这是用半价买的。"

咚妈拿起毛绒熊玩具，仔细检查了一遍，说："孩子，这个玩具确实便宜。可你看看，它的毛已经脏了，而且有的地方线头都断了，说明这很可能是个样品或次品。"

"什么是样品？"咚咚问。

咚妈想了一下，说："平时在商场里，你看到穿在模特身上展示给大家看的衣服就是样品。"

咚咚想起咚妈买衣服的时候，经常会摸一下样品，看看布料，也会拿样品来试穿。他明白了为什么毛绒熊玩具看起来会脏，而且有些地方线头断了。他想起之前和皮蛋儿一起买过一顶帽子，也是打了五折，帽子也是存在质量问题，但他一直没敢告诉妈妈。

“遇到比正常价格低很多的商品时，我们要仔细看商品的生产日期和产品质量，弄明白它为什么会便宜。”咚妈说，“商品促销套路可多了。我带你去商场看看还有哪些促销套路吧。”

打折，就是商家将商品降低价格出售的促销方式。

几折，指的是降价后的价格占原来价格的几成。例如 10% 就是一成，也就是一折。五折，就是指实际价格是原来价格的一半。

咚咚和咚妈出门了，来到离家最近的一家商场。

还没进商场，咚咚就被门口“办卡满减”的活动吸引住了。

牌子上写着：现在办会员卡，购物满 200 元立送一件价值 199 元的儿童衣服，还送 100 元的购物券。

咚咚说：“妈妈，您看多便宜，我们办张卡吧。”

咚妈说：“商家说衣服价值 199 元，可能实际上并没有这么贵。我们为了拿礼品，就得凑单多买东西，其实并不划算。商场送购物券也只是为了让我们买更多东西。”

咚咚说：“原来仅仅这一场促销活动里就有这么多的套路啊。”

咚妈说：“是啊，促销活动是为了吸引顾客多买东西。识别卖家的套路非常重要。”

逛完商场回家后，咚妈在网上买东西。

咚咚问咚妈："妈妈，电视上说在网上购物也有'坑'。"

咚妈说："是的，我也遇到过几次呢。"

咚咚惊讶道："啊？！那网上购物都有哪些'坑'呢？"

咚妈想了想，说："比如交了定金，但商家并没有按时发货，想退货商家却不退定金；买了电风扇没用几天就坏了，商家却没有做到上门维修的承诺，售后服务不到位；还有的商品质量本来就有问题，但是商家不给退换。这些都是'坑'。"

咚咚说："那在网上购物时，我们该怎么办呢？"

咚妈笑道："买之前，一定要看网店所在的平台是不是正规的；看店家的信誉资质，是不是合格的店铺，是不是正规的厂家和商家。能做到这些，就可以避开大部分网上购物的'坑'了。"

转眼就过年了，咚咚兄妹俩又收到很多压岁钱。

小亦说：“哥哥，咱们一起去买东西吧。”

咚咚高兴地带着小亦一起去了附近的商场。

到了商场后，咚咚只是去了趟洗手间，出来就看到小亦正要付钱买一个芭比娃娃。

咚咚赶紧走过去制止她：“你不是有好几个芭比娃娃吗？怎么又买？”

小亦说：“现在只需要交 20 元定金，购物满 200 元后，就可以来换这个娃娃啦。”

咚咚说：“可是我们买不了 200 元的东西啊，而且，你现在交了定金，如果到时候买不够 200 元，定金是退不了的，那不是亏了 20 元吗？”

小亦没想到这个问题，她觉得咚咚说得很有道理，就没有付定金。

回家后，咚咚给小亦列举出一些购物避“坑”经验。

遇到低价商品时：搞清楚低价的原因，会不会是因为快过期或者质量有问题。

遇到捆绑销售时：想清楚被捆绑在一起的几个东西是不是都是自己需要的，不要为了便宜而买自己用不到的东西。同时，也要注意商品质量好不好。

遇到办卡、“满减”等活动时：弄明白办卡的优惠是以什么为条件，不要为了“满减”而花更多的钱。

遇到需要交定金和承诺性质的优惠活动时：确认清楚定金使用条件和优惠条件。有些商家会把“坑”隐藏在客户很少会注意到的地方，例如在霸王条款、售后服务承诺等方面。

小亦听了咚咚的经验，收获很大。在那之后，她学会了既要体验购物的乐趣，也要避免诱惑，理性购物。

第7章

喜欢攀比是一件很丢脸的事儿

有两个小朋友都喜欢公主裙，如果其中一个小朋友买了新的公主裙，另一个小朋友就会央求父母给她买一条新的。第一个小朋友见她有了新裙子，怕被比下去，就再去买一条……

两个小朋友互相攀比，都买了一柜子的新裙子，每条裙子几乎都是只穿了一次就再也不穿了。

小朋友，你是怎么看待攀比这件事情的呢？

其实，咚咚是二年级才转到现在就读的这个学校的，在这之前，他是和爷爷奶奶一起生活的。

爷爷奶奶怕他受委屈，总给他买很多东西，别人家孩子有的，咚咚也要有。曾经有一阵儿，咚咚变得特别爱攀比，每次看到其他小朋友有新玩具，他就想买一件更好的，然后向小朋友们炫耀一番。

攀比心理是消费心理的一种，是指买东西的时候，不考虑自己到底有多少钱，而盲目地与他人比较或为了面子而购买商品的消费心理。

一般来说，人们只会去买自己真正需要的东西，但是有攀比心理的人则会因为面子等原因，买自己不需要的东西。

后来，咚咚上二年级时开始和咚爸咚妈一起生活，并转到现在就读的学校，刚来的时候，他还没有改正爱攀比的坏习惯。

将要进入现在这所学校上学时，咚咚得知学校里面的同学家境都比较好，很担心自己不能融入新圈子，他要求咚妈给他多买一些名牌衣服和文具，他觉得这样自己才不会被别人比下去，也才会交到新朋友。

咚妈说：“咚咚，同学们之间重要的不是比外表，而是比学习成绩和品德。”

咚咚却说：“学习成绩和品德在大家刚认识的时候，是看不出来的，但是衣服和文具一眼就能看出来好坏。我想让同学们都看得起我。妈妈，您就给我买吧。”

咚妈劝不动咚咚，只好顺着他的意思，带他去买名牌衣服。

开学的那天，咚咚开开心心地穿上新衣服，来到新学校。

令他开心的是，新同学们非常友善，在他做完自我介绍后，同学们也热情地向他介绍自己，并问他以前的学校是什么样子的。

然而，没有一个同学关心他的衣服的品牌和价钱。

没几天，咚咚发现新同学很不一样。

大家在课余时间，大多聊学习方面的事儿以及最近看过的书等，没人在吃穿方面攀比。

两个月后，咚咚完全融入了新的班集体。他还收到了同学羽灵姐姐的生日会邀请。

从收到邀请的那一天，咚咚就在思考送什么礼物给羽灵姐姐。

在之前的学校，同学们过生日时礼物越送越贵，咚咚生怕自己会被其他同学比下去，总是会根据其他同学送的礼物来选择自己要送的礼物，每次都会花一大笔钱。

这一次，他依旧拿出自己的压岁钱，给羽灵姐姐买了一个很贵的芭比娃娃。

生日会当天，咚咚来到羽灵姐姐家。

在班里，羽灵姐姐的外表很朴素，平时也很节俭，但没想到她家装修得非常豪华，一看就知道家里经济条件很不错。

咚咚看见羽灵姐姐收到的生日礼物有同学手工编织的花篮，有同学亲手制作的陶制品，还有书籍、自制贺卡等。

大家开心地谈论自己制作礼物的过程，羽灵姐姐非常开心，根本不在意礼物是否昂贵，而是更看重心意。

这次的生日会和咚咚以前经历的以及之前想象的太不一样了，咚咚觉得自己喜欢现在这种过生日送礼物的方式。

重阳节到了，学校组织同学们去敬老院做义工。

在敬老院里，羽灵姐姐抢在大家前面，积极主动地拖地、倒垃圾、擦窗户，帮助老人们做力所能及的事情。

咚咚看着羽灵姐姐脸上的汗水，诚恳地说：“羽灵姐姐，看你平时买东西时那么抠门儿，我还以为你没钱买呢。上次去你家后我才发现你家那么有钱。”

羽灵姐姐笑着说：“我是没钱买呀，那些都是爸爸妈妈的钱。平时我的零花钱大多是做家务活换来的。”

咚咚很惊讶，他没想到家里条件那么好的羽灵姐姐居然还要靠劳动获得零花钱。咚咚的内心再一次受到了触动。

回到家后，咚咚向咚妈讲了羽灵姐姐的故事。

咚妈说：“羽灵真是个懂事的好孩子。其实，很多伟人也是非常艰苦朴素、吃苦耐劳。”

咚咚问：“都有谁呀？”

咚妈笑着说：“比如我们敬爱的周恩来总理，他生活很节俭，他的衣服经常是补了又补，改了又改，穿到没法穿了，才换新的。”

咚妈拿出一本书，对咚咚说：“周总理的故事就在这本书里。书里面还有很多名人节俭的故事，你看看吧。”

咚咚翻开书，里面有两个关于周总理生活节俭的故事。

周总理一双鞋穿 20 多年，底子换了又换。他的睡衣也都穿了很多年，总是补了又补，舍不得花钱买新睡衣。

周总理生前从不浪费一粒米、一片菜叶。周总理每次吃完饭后，总会夹起一片菜叶把碗底一抹，把饭汤吃干净后，才把菜叶吃掉。即便偶尔在桌上掉一颗饭粒，周总理也要马上捡起来吃掉。

见他看完了书，咚妈才接着说："周总理从不在吃穿方面和人攀比，而是一心为人民服务，获得了大家的敬仰。攀比心过重会使人对物质产生过度的欲望，心态就可能失衡，很可能生活得不幸福。你要改变这一点，要知道对你而言什么是重要的，什么是不重要的，做好自己，这才是重点。"

咚咚这才知道，自己以前总和同学、朋友们在吃穿玩乐方面“争强好胜”的行为是攀比心在作祟，是不对的。

他说：“妈妈，我错了。”

咚妈欣慰地说道：“你能认识到自己的错误真是太好了。不过，以后你可以在其他方面和同学们比赛啊，比比你们谁学习更用功、更上进。”

咚妈接着说：“吃穿普通不丢人，喜欢攀比才是一件丢人的事儿。你总是担心会被别人看不起，其实是因为从众心理。”

从众心理，指的是一个人为了让自己和大多数人一样而放弃自己的想法，努力与他人保持一致的心理，也就是平时常说的“随大流”。

咚咚点点头，说道：“其实攀比没有让我真正感到快乐，有时候还觉得很累。”

咚妈说：“克服攀比的第一步，就是找到自我价值。作为学生，你的价值应该体现在学习上。”

咚咚觉得咚妈说得非常有道理，从那以后，他不再和别人进行物质方面的攀比，而是在学习上不断努力。

不久后，咚咚将自己的经历和变化写成文章，并上台演讲，获得了全校师生的一致好评。